U0353577

优秀技术工人
百工百法丛书

胡志明
工作法

绍兴黄酒
酿制

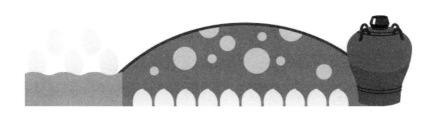

中华全国总工会 组织编写

胡志明 著

中国工人出版社

技术工人队伍是支撑中国制造、中国创造的重要力量。我国工人阶级和广大劳动群众要大力弘扬劳模精神、劳动精神、工匠精神，适应当今世界科技革命和产业变革的需要，勤学苦练、深入钻研，勇于创新、敢为人先，不断提高技术技能水平，为推动高质量发展、实施制造强国战略、全面建设社会主义现代化国家贡献智慧和力量。

　　　　　　　　　　——习近平致首届大国工匠
　　　　　　　　　　创新交流大会的贺信

优秀技术工人百工百法丛书
编委会

优秀技术工人百工百法丛书
财贸轻纺烟草卷
编委会

序

党的二十大擘画了全面建设社会主义现代化国家、全面推进中华民族伟大复兴的宏伟蓝图。要把宏伟蓝图变成美好现实，根本上要靠包括工人阶级在内的全体人民的劳动、创造、奉献，高质量发展更离不开一支高素质的技术工人队伍。

党中央高度重视弘扬工匠精神和培养大国工匠。习近平总书记专门致信祝贺首届大国工匠创新交流大会，特别强调"技术工人队伍是支撑中国制造、中国创造的重要力量"，要求工人阶级和广大劳动群众要"适应当今世界科技革命和产业变革的需要，勤学苦练、深入钻研，勇于创新、敢为人先，不断提高技术技能水平"。这些亲切关怀和殷殷厚望，激励鼓舞着亿万职工群众弘扬劳模精神、劳动精神、工匠精神，奋进新征程、建功新时代。

近年来，全国各级工会认真学习贯彻习近平总书记关于工人阶级和工会工作的重要论述，特别是关于产业工人队伍建设改革的重要指示和致首届大国工匠创新交流大会贺信的精神，进一步加大工匠技能人才的培养选树力度，叫响做实大国工匠品牌，不断提高广大职工的技术技能水平。以大国工匠为代表的一大批杰出技术工人，聚焦重大战略、重大工程、重大项目、重点产业，通过生产实践和技术创新活动，总结出先进的技能技法，产生了巨大的经济效益和社会效益。

深化群众性技术创新活动，开展先进操作

法总结、命名和推广，是《新时期产业工人队伍建设改革方案》的主要举措。为落实全国总工会党组书记处的指示和要求，中国工人出版社和各全国产业工会、地方工会合作，精心推出"优秀技术工人百工百法丛书"，在全国范围内总结100种以工匠命名的解决生产一线现场问题的先进工作法，同时运用现代信息技术手段，同步生产视频课程、线上题库、工匠专区、元宇宙工匠创新工作室等数字知识产品。这是尊重技术工人首创精神的重要体现，是工会提高职工技能素质和创新能力的有力做法，必将带动各级工会先进操作法总结、命名和推广工作形成热潮。

此次入选"优秀技术工人百工百法丛书"作者群体的工匠人才，都是全国各行各业的杰出技术工人代表。他们总结自己的技能、技法和创新方法，著书立说、宣传推广，能让更多人看到技术工人创造的经济社会价值，带动更多产业工人积极提高自身技术技能水平，更好地助力高质量发展。中小微企业对工匠人才的孵化培育能力要弱于大型企业，对技术技能的渴求更为迫切。优秀技术工人工作法的出版，以及相关数字衍生知识服务产品的推广，将对中小微企业的技术进步与快速发展起到推动作用。

当前，产业转型正日趋加快，广大职工对于技术技能水平提升的需求日益迫切。为职工群众创造更多学习最新技术技能的机会和条件，传播普及高效解决生产一线现场问题的工法、技法和创新方法，充分发挥工匠人才的"传帮带"作用，工会组织责无旁贷。希望各地工会能够总结、命名和推广更多大国工匠和优秀技术工人的先进工作法，培养更多适应经济结构优化和产业转型升级需求的高技能人才，为加

快建设一支知识型、技术型、创新型劳动者大
军发挥重要作用。

中华全国总工会兼职副主席、大国工匠

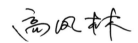

作者简介
About The
Author

胡志明

1963 年出生，教授级高级工程师，高级酿酒师、高级品酒师，第二届轻工"大国工匠"、黄酒行业首位"中国酿酒大师"，国家级技能大师工作室、轻工大国工匠创新工作室领办人，"绍兴黄酒酿制技艺"省级非物质文化遗产代表性传承人，入选第六批国家级非物质文化遗产代表性传承人推荐人选名单。

胡志明从事黄酒行业 40 余年，一直致力于中国黄酒的传承、发展和创新，始终践行精益求精、执着专注、一丝不苟、追求卓越的工匠精神，为振兴黄酒产业、弘扬黄酒文化作出了突出贡献，是中国黄酒优秀专门人才，中国酒业科技领军人才，中国酒业 30 年功勋人物，中华老字号"华夏工匠"，全国轻工行业劳动模范，中国酒业协会黄酒分会副理事长、技术委员会副主任委员，全国酿酒标准化技术委员会委员，江南大学食品学院和浙江工业职业技术学院产业特聘教授，连续六届被聘任为国家级黄酒评酒委员，浙江省首席技师，获得浙江工匠、绍兴工匠、绍兴市劳动模范等荣誉。

精益求精，追求卓越

匠心传承，酿造未来

目　　录
Contents

引　　言
Introduction

　　创新之路充满挑战，从学徒工、技术员到行业的优秀领航人，在黄酒这块充满古老神秘色彩和深厚文化底蕴的沃土上，笔者不改初心，力耕不懈，孜孜以求，创造了黄酒行业的多项首次。

　　笔者面对绍兴黄酒酿造周期长、原料要求高、工艺复杂且需要经验丰富的酿酒技师的困境，首创推进生产关键工序机械化和生产控制自动化，首次采用自动化投料、发酵等多项新技术、新装备，首次成功实现用板式换热器替代盘肠煎酒器新技术的应用，推动产业转型升级，更好地实现技艺传承；主持 20000t 机械化黄酒和 40000t 黄酒两个重大技改项目，首次将后发酵罐改为 120m³ 大罐，改进了浸米罐的设置，增加了 CIP（Cleaning In Place）清洗系统等许多新的生产工艺并进行设备改进，推动黄酒产业规模化和自动化生产；在行业内首创"坛酒机器人"和堆幢封泥头自动化，从而在突破"繁、重、难"的传统生产上迈进一大步……

　　可以说，以上多项技术创新，引领了中国黄酒行业近三十年的技术革新，使古老的传统黄酒行业焕发勃勃生机，为振兴黄酒产业作出了突出贡献。

第一讲

黄酒生产自动化、智能化
控制工艺

一、工艺概述

黄酒酿造自古以来都是纯手工操作，包括浸米、蒸饭、落缸、发酵（开耙）、后发酵（灌坛堆幢）、压榨、过滤、煎酒等工序，设备简陋，操作方法粗放，用工量多，劳动强度高，且占用场地多，质量控制稳定性差，产量低，难以实现规模化生产。生产过程对水资源的消耗也比较大，导致污水处理费用的增加，也不利于环境保护和产业的可持续发展。旧式的设备和操作方法已远远不能适应现代化生产的需要。

现代黄酒生产一直在进行变革。笔者首创推进生产关键工序机械化和生产控制自动化，首次采用自动化投料、发酵和大坛自动化清洗灌装等多项新技术、新装备，是黄酒生产的历史性突破，推动黄酒产业进入规模化和自动化时期。

二、解决的问题

1. 问题描述

原始操作法存在以下弊端：

（1）劳动强度大，浸米、蒸饭、落缸等过程需肩挑手扛，工作比较辛苦，工资待遇不高，招工困难；

（2）设备简陋，机械化程度低，效率极低；

（3）生产周期长，产量少；

（4）开耙技工少，年龄偏大；

（5）凭经验操作，质量控制难度大，稳定性差；

（6）在投料过程中可能会造成较多不必要的资源浪费和环境污染。

2. 解决措施

用浸米罐、蒸饭机、发酵罐代替普通酿造设备，并辅以配套传送系统、自动化发酵控制系统、CIP 清洗系统等，实现了黄酒生产机械化、自动化。

　　利用浸米罐浸米时，可利用自动化真空输米机将大米等原料通过事先铺设的管道送入浸米罐，同时配置蒸汽管道，对浸米水温进行控制，在寒冷天气适当加温，确保浸米水温和时间满足工艺操作要求。浸米后，通过输送带直接将米送至蒸饭机，调节好蒸汽压力和蒸饭速度，随后蒸熟的米饭自动落入发酵罐（见图 1）。

　　采用系统化、模块化结构设计思想，利用先进的 LabVIEW 组态软件、西门子工控机、可编程控制器及相关传感器和智能仪表技术，根据对黄酒发酵动力学的研究和数据建模，结合黄酒发酵工艺特点，在分析主要控制参数及控制原理的基础上，针对大罐黄酒发酵（开耙）、后发酵、酒母培养过程及中间罐远程自动操作的软硬件总体控制方案，完成黄酒发酵自动化智能控制系统。

图 1　自动化投料、发酵

在黄酒发酵过程中，采用最新传感器技术，对发酵过程中的温度、溶解氧等参数进行检测与控制，使发酵过程的开耙时间和温度控制通过自动化发酵控制系统来完成，配套使用自动冷冻控制技术调节发酵醪液的温度。同时，研制出一套针对发酵过程进行控制、状态估计和优化的智能化处理新技术，进行标准化操作，实现黄酒发酵自动化、智能化控制，达到优化黄酒发酵生产的目的（见图2）。

大坛自动化清洗灌装设备的引入和投产，改变了原来该工序的生产程式，为机械化的生产流程注入了新的活力。以前黄酒企业大多以容量25kg左右的陶坛作为装酒容器反复使用。冬酿季节，每个陶坛先注满清水浸泡1天以上，再由工人用坛帚逐个仔细清洗，倒干残水，然后重复一次上述清洗过程。这个过程俗称"双泡双洗"。灌装过程需要手工搬上坛道蒸汽杀菌、灌装。灌装

图 2   自动化发酵控制系统

器具也比较原始，是一种顶部连接玻璃液位管的定量器。放酒师傅根据液位管的刻度或磅秤称重的数量在坛肩部位用毛笔写下该坛酒的重量，称为"码子"。

原始方法如此"费时、费力、费能耗"，严重制约了生产的发展。自动化清洗灌装设备的使用，集自动清洗、坛子杀菌、酒液自动灌装于一体，减少了很多搬运环节，大幅降低了用工量和陶坛的破损率，大大降低了清洗用水，减少了水资源的消耗，也减少了污水处理的费用。煎酒后的黄酒自动灌装，批次之间差异小，质量稳定性好。

3. 实施效果

现在规模生产黄酒普遍采用上述技术，这也彻底颠覆了黄酒的原始操作法，是黄酒生产的重大突破，不仅大幅度提高了劳动生产率，解决了用工紧张和技工难找的难题，减少了环境污染，提升了产品质量，实现了规模化、自动化生产，而且突破了黄酒生产的季节性限制，通过制冷系统的辅助，可实现全年的连续生产，最大限度地提升了黄酒的产能，极大地提高了经济效益。同时，该技术的运用也解决了发酵酸败、口味淡薄等一些技术难题。

此外，从产品质量和食品安全角度考虑，产品稳定性得到极大的提升，批次之间差异化减少，优质品率提高，可以更好地满足市场，造福社会。

第二讲

提高煎酒质量的新设备工艺

一、工艺概述

煎酒是黄酒生产中的固定用语，是灭菌的俗称，因过去采用将生黄酒装在锡壶中煎熟的方法而得名。煎酒的作用主要有四个：一是有利于黄酒的生物稳定性；二是促使酒中蛋白质及其他胶体等热凝物凝固而色泽清亮，从而提高黄酒的非生物稳定性；三是使醛类等不良成分挥发；四是促进黄酒的老熟，消除生酒的杂味从而改善酒质。

早期，黄酒企业一直沿用盘肠煎酒器煎酒，但其存在的弊端也是非常明显的，比如产量上不去、能耗大，严重制约了黄酒生产的发展。是否引进先进的煎酒设备？什么样的设备才能更好地与黄酒生产相匹配？大家都在寻找、观望中——设备投入需要资金，是否能达到期望的效果？煎酒质量是否能得到保障？黄酒的风味是否会受到影响？

时代在发展，旧设备终将被代替，在黄酒行业首次使用板式换热器需要莫大的勇气和智慧。笔者通过多次试验及产品质量和风味的验证，成功实现设备替代，为同行提供了可借鉴的成功案例，促进了产业的可持续发展。

二、解决的问题

1.问题描述

一是原先使用盘肠煎酒虽操作简单，但稳定性差，会受到蒸汽压力、煎酒速度的影响。如果蒸汽压力不稳定，那么会导致酒液温度随着压力的变化而变化，忽高忽低，酒液杀菌不到位，后期储存过程中酒质可能变差。

二是生产能耗大、效率低，因为原先的设备制作简陋、粗放，蒸汽、水损耗大。

三是存在食品安全风险。在使用中，盘肠接

口的焊接材料可能渗入酒液，导致重金属污染。

2. 解决措施

在黄酒煎酒中，可以使用板式换热器代替盘肠煎酒。板式换热器是由一系列具有一定波纹形状的金属片叠装而成的一种新型高效换热器，各种板片之间形成薄矩形通道，通过板片进行热量交换。板式换热器就是液—液、液—汽进行热交换的理想设备（见图 3）。它具有换热效率高、热损失小、结构紧凑轻巧、占地面积小、安装清洗方便、应用广泛、使用寿命长等优点。在相同压力损失情况下，其传热系数比管式换热器高 3~5 倍，占地面积为管式换热器的 1/3，热回收率却高达 90% 以上。

3. 实施效果

采用新型煎酒设备，不仅减少了食品污染风险，也提高了生产效率，降低了能源消耗。这不

图 3　板式换热器

是一次简单的替换，其在黄酒生产史上具有划时代的意义，是煎酒设备的重大变革，推动了黄酒生产的机械化进程，使得黄酒生产由作坊式迈入了现代化生产的行列。

黄酒煎酒中使用板式换热器取得了以下良好效果。

（1）提高煎酒效率。板式换热器的使用可以提高煎酒的效率。传统的煎酒方法往往需要较长时间，而使用板式换热器可以缩短煎酒的时间，从而提高生产效率。

（2）节约能源。板式换热器的设计使其在达到相同煎酒效果的同时，能够更有效地利用能源，减少能源的浪费。

（3）提高煎酒质量。使用板式换热器煎酒可以更好地控制煎酒的温度，从而提高煎酒的质量。这对于黄酒的生物稳定性和风味的保持都是非常重要的。

（4）减少设备维护。与传统的盘肠煎酒器相比，板式换热器的结构更简单，因而在使用和维护上也更加方便，减少了设备的维护成本。

第三讲

分期分批次生产淋饭酒母工艺

一、工艺概述

淋饭酒母俗称"酒娘"，因将蒸熟的米饭用冷水淋冷而得名。冬酿一般在立冬之后，用淋饭法生产淋饭酒母，这是绍兴黄酒企业传统生产法的一大特点。大多数企业会用酒药（白药）先制作淋饭酒酿，放陶坛发酵15天以上。酿成的淋饭酒需要经过仔细挑选。有经验的师傅会挑选酸度低、发酵力强的，用作批量生产摊饭酒的酒娘。一般的做法是先做淋饭酒酿，一次性做好整个冬酿需要的量，后续在冬酿摊饭酒生产中根据需要逐批挑选使用。淋饭酒母的主要制作过程见图4~图8。

二、解决的问题

1.问题描述

由于淋饭酒母的生产安排在酿酒季之初集中制作，以满足整个冬酿时期的生产需要，因而在

图 4　淋饭酒母制作：浸米

图 5 淋饭酒母制作：搭窝

图 6 淋饭酒母制作：灌坛

图 7　淋饭酒母制作：开耙、检查酒母质量

图 8   淋饭酒母制作：堆坛后发酵

酿酒前后使用的酒母质量就不一样，往往是前期较嫩，而后期较老，特别是在生产周期长、批次多的情况下，该问题尤其突出。这是因为酿酒是一次性生产，后期使用的淋饭酒母会因时间较长而逐渐老化，从而给后面批次的摊饭酒发酵带来不良的影响，如发酵活力不够、发酵缓慢，甚至酒酸度升高等。随着天气变暖，影响会更甚。

2. 解决措施

根据传统工艺生产黄酒受天气变化等影响的特点，笔者提出并采用分期分批次生产淋饭酒母的方式，由此使后期生产用的淋饭酒母依旧能保持较好的活力，保证了传统工艺黄酒发酵的稳定性。

3. 实施效果

采用分期分批次生产淋饭酒母的方式，虽然增加了生产操作的复杂度，但彻底解决了不同冬酿时期使用的酒母老嫩不一致的问题，保证了酒母优良性能的一致性，使后期的冬酿酒生产依然保持较好的发酵状态，提升了产品品质。

第四讲

黄酒浸米提质减排关键技术

一、工艺概述

浸米是绍兴黄酒生产的关键环节，对米芯酸化、发酵速率和产品风味至关重要。

二、解决的问题

1. 问题描述

由于黄酒浸米过程用水量大、产生废水量多（据测算，10000t 黄酒约产生 80000t 废水），给企业和社会环境带来极大负担，不符合国家工业发展方向，给绿水青山保护工作带来困扰。黄酒浸米工艺是黄酒生产废水的主要来源，处理过程极其困难，处理成本较高。

2. 解决措施

在保留传统浸米工艺的基础上，笔者应用源自米浆水的乳酸杆菌提高浸米效率，实现浸米浆水的高效、安全、循环使用。其关键技术主要包括以下四点：

（1）利用三代测序和宏基因组分析方法，揭示菌种水平上黄酒浸米和酿造中乳酸杆菌菌群的演替过程，并在解析传统浸米工艺机理的基础上筛选影响黄酒酿造的关键乳酸杆菌菌株。

（2）测定乳酸杆菌浸米后有机酸产出差异，确定在浸米过程中影响各有机酸含量的乳酸杆菌菌种，解析关键乳酸杆菌对米芯酸化、发酵速率和风味的作用机理。

（3）建立不同温度、湿度等条件下各菌种的生长特性关系模型，通过菌种互作相关性分析和环境因子调控，确定循环浸米的最佳工艺环境条件。

（4）在保留绍兴黄酒口感并实现其风味的精准提升基础上，达到绿色循环浸米次数最优化和菌种扩培稳定化，实现高效全回流乳酸杆菌接种循环浸米工艺的工业化应用，具体见图9~图11。

图 9　黄酒浸米技术研讨

图 10   大罐在浸米过程中对相关参数进行控制

图 11 大罐在浸米过程中乳酸杆菌接种循环浸米工艺

3. 实施效果

黄酒浸米提质技术的实施，从浸米源头有效提升了黄酒口感和风味，而优质高端黄酒的品牌开发极大地推动了我国传统发酵黄酒产业的发展；通过有效减少米浆水排放量，降低污水处理量，为实现环境的可持续发展和节能减排提供技术支持，体现了黄酒企业的社会责任。

第五讲

圆盘制曲技术

一、工艺概述

麦曲是指以轧碎的小麦为原料，在适当的水分和温度条件下，培养繁殖糖化菌而制成的一种糖化剂。它不仅可以为黄酒酿造提供所需的各种酶，还可以利用其中微生物的代谢产物赋予黄酒独特的风味。麦曲在黄酒生产中发挥着极其重要的作用，其质量直接影响到成品黄酒的质量和风味。

随着黄酒生产新工艺的不断发展，纯种培养制曲取得了很大成功。在实际生产中，以自然培养的生麦曲添加适量的纯种麦曲，既保证了黄酒的风味，又降低了用曲量，提高了成品酒的质量和出酒率。

二、解决的问题

1. 问题描述

原来的纯种麦曲培养多采用帘子曲通风培养

的方式，其主要弊端有：

（1）劳动强度大，轧麦、入料、出料等过程都需要人工操作；

（2）物料、能源损耗多；

（3）批次之间有差异，质量不稳定。

2. 解决措施

圆盘制曲是指在厚层通风培养制曲工艺的基础上，运用圆盘等机械设备，实现蒸料、入料、出料、接种及培养过程中的通风、翻拌等操作的机械化与自动化。在整个操作过程中，通过人机交互系统实现麦曲的生产，物料不直接与人及外部环境接触，避免了污染。圆盘制曲的卫生条件好，且操作易于控制，因而产品质量稳定。

圆盘制曲机主体结构主要由壳体、圆盘及传动机构、空气调节机构、螺旋翻转机构、进出料机构和控制系统等部件构成，同时为配合实现整个制曲系统的机械化、自动化，配备了种曲罐和轧麦机、蒸煮锅及整体输送装置（见图 12）。

笔者率先在黄酒行业使用圆盘制曲机，其好处主要有以下几点：

（1）整个制曲过程采用 PLC（Programmable Logic Controller）自动控制，无须人工参与，进料、翻料、通风、控温、出料、清洗实现机械化操作。

（2）独有的螺旋翻转机构装置，能根据物料培养过程阶段调整螺旋叶片翻转速度，翻转均匀，使物料不易结块，并彻底减少翻转过程对盘面的损伤，降低圆盘负荷。

（3）新颖的锥顶结构，内置热风管道，减少锥顶结露，能有效控制物料湿度，使物料正常发酵成曲。

（4）制曲室内所有零部件均用不锈钢制作，温度、湿度、通风量的控制均为机械化控制并可根据生产实际情况自动调节，更有利于麦曲的培养，同时设置异常自动报警装置，确保生产异常

图 12　圆盘制曲机生产现场

时的纠正处理。

（5）设置专用视窗，全机实行机械化自动密闭操作控制，使物料与环境隔离，避免污染，彻底改善工作环境，减少劳动力，提高生产效率。

3. 实施效果

圆盘制曲机是伴随食品酿造制曲工艺的不断发展并吸收国内外先进专业经验而开发设计制造的一种酿造机械设备，广泛应用于酱油等酿造行业。圆盘制曲机具有自动化程度高、曲种培育快且稳定、生产效率高、易于操作维护等优点。

圆盘制曲机应用于黄酒纯种麦曲的生产时，其生产工艺基本不变，但操作控制的机械化与自动化程度得到极大地提高，成品曲的质量稳定，糖化力指标大大提高，且劳动用工大幅减少，生产能力和生产效率得到提升，因而圆盘制曲在黄酒制曲的应用上具有极大的推广和应用价值。

第六讲

高温麦曲制作工艺

一、工艺概述

黄酒具有醇厚的风味、丰富的营养物质和功能活性成分。黄酒酿造中，麦曲的用量高达原料的 16%，其作为黄酒酿造的糖化剂、发酵剂和生香剂，被称为"酒之骨"。麦曲在黄酒酿造中发挥着举足轻重的作用。

笔者多年来的实践证明，温度控制低些、"黄绿花"多的麦曲，不如温度适当高些、白色菌丝多的麦曲，后者不但糖化力相对高些，曲香也好，而且不容易产生黑曲和烂曲。这是因为培养温度偏高可阻止霉菌菌丝进一步生成孢子，有利于淀粉酶的积累，同时对青霉菌等有害微生物也起到一定的抑制作用。另外，由于温度较高，小麦的蛋白质易受酶的作用，转化为构成麦曲特殊曲香的氨基糖等物质，有利于增加黄酒风味。

目前，我国对麦曲及其酿造黄酒的差异性研究尚处于起步阶段，对于 55℃以上的高温麦曲还未有研究。因此，研究高温麦曲（56℃~60℃）的制备工艺，及其酿造黄酒的理化指标和挥发性风味物质，将为制作更能提高糖化力、增加黄酒风味的麦曲提供实验数据和理论依据。

二、解决的问题

1. 问题描述

对高温麦曲制作工艺和控制方法缺乏系统的研究。

2. 解决措施

（1）通过人为调控麦曲发酵过程中的温度，获得四组不同温度（56℃、58℃、60℃、62℃）发酵条件下的麦曲，并将其应用于黄酒酿造，以便后续研究。

（2）分析成品麦曲，检测麦曲中糖化酶、液化酶、蛋白酶的活力，分析不同温度麦曲的功能性组分。

（3）对制得的高温麦曲进行黄酒酿造试验，并与常温麦曲黄酒酿造进行对比。进行相关理化检测及感官品评，分析其总糖、总酸、氨基酸态氮和酒精度等参数的差异，借助黄酒的各项指标来推测麦曲发酵状态。

（4）使用气相色谱－质谱（GC-MS）联用，对上述麦曲酿制的黄酒进行挥发性风味物质测定，获得麦曲发酵的最优处理条件。

（5）对试验结果进行数据显著性差异分析和挥发性风味物质的主成分分析，具体见图13、图14。

3. 实施效果

（1）明确了高温麦曲的生产工艺和产品特性；

（2）提出了一种提高糖化能力、增加黄酒风味物质的麦曲制备方案；

（3）工业化生产高温麦曲及其酿造黄酒，为行业内首次工业化生产应用高温麦曲提供了理论和实践的依据。

图 13　高温麦曲的生产现场，麦曲在保温培养中

图 14 在高温麦曲生产现场观察菌丝生长及发酵情况

第七讲

首创新的后发酵系统及操作工艺

一、创新概述

黄酒的后发酵是无氧发酵的过程，它使一部分残留的淀粉和糖分继续糖化发酵，转化为酒精，并使酒成熟增香。

黄酒酵母是一种兼性厌氧菌，在前发酵时期，需要利用碳源、补充大量氧气进行营养体的繁殖。该时期醪液温度可升至30℃以上，发酵旺盛，此时需要适时开耙，补充氧气，排出二氧化碳。而到后发酵时期，发酵平缓，温度降至20℃以下，酵母进入厌氧生长期，以生成酒精为主，开耙频率变缓，甚至数天才开耙一次，俗称"捣冷耙"。

鉴于黄酒生产的这种特殊发酵工艺，后发酵采用大罐，模仿酵母发酵的自然厌氧环境，有利于黄酒在酿造过程中进行正常的微生物代谢，促进酒精的生成和其他风味物质的产生、积累。

二、创新步骤

传统工艺的黄酒后发酵一般在 25kg 的陶坛中进行（见图 15），需要人工灌坛、堆幢，而且在后发酵期间要经过多次抽检，对发酵过程进行监控。这种方式劳动强度大，占用场地多，生产中物耗也大，抽检时往往只能抽到外面的酒坛，样本缺少代表性，不能很好地反映黄酒发酵醪的质量水平。如果有发酵异常情况，往往也不能及时发现并采取相应的措施。

基于这些现状，笔者率先提出了更换后发酵系统及操作工艺的想法，并着手实施。

（1）改进后发酵罐的容量（见图 16），制定了一套操作工艺，并在实践中不断完善；

（2）配套改进浸米罐（见图 17），便于连续协调生产和自动化控制；

（3）增加 CIP 清洗系统，保证设备的清洁卫生，保障产品生产高效优质。

图 15　在陶坛中进行后发酵

图 16　改进后的后发酵罐

图 17　浸米大罐

三、创新效果

改进后的发酵罐和浸米罐、CIP 清洗系统等许多新的生产工艺和设备，推动了黄酒生产机械化进程。

1. 发酵罐的改进

改进后的发酵罐体积为 $120m^3$，有利于提高发酵效率，减少发酵周期，也有利于物料的混合和发酵，使发酵更加均匀，提高发酵效果。此外，还减少了设备的安装对面积的要求，节约占地面积。据测算，节约 2/3 的占地面积，为企业节约建设资金 1300 多万元。

2. 浸米罐的改进

改进后的浸米罐设置包括以下两大优点：

（1）提高浸米罐的效率。例如，通过改进浸米罐的设计，大米能够更好地被浸泡和清洗。

（2）提高了浸米罐的自动化程度。例如，通过自动控制系统，浸米罐的运行更加智能化和自动化。

3. CIP 清洗系统的增加

CIP 清洗系统可以对设备进行强力作用，将与食品的接触面洗净，并对卫生级别要求较严格的生产设备进行清洗、净化。该系统还可以节约操作时间，提高效率；节约劳动力，保障操作安全；节约水、蒸汽等能源，减少洗涤剂用量。这些对于提高生产效率和产品质量具有重要意义。

第八讲

首创淋饭酒母传统工艺在机械化黄酒生产中的应用

一、创新概述

淋饭酒是指蒸熟的米饭用冷水淋凉（见图18），然后拌入酒药粉末，搭窝，糖化，最后加水发酵成酒。如果作为酒母，便是淋饭酒母，又称为"酒娘"。从酿成的淋饭酒母中挑选出质量特别优良的作为酒母。酒母对黄酒的正常发酵和顺利生产有着十分重要的意义，其质量将直接影响黄酒的质量。

传统的手工酿造黄酒，发酵周期长，发酵单位小。一般情况下，手工酒遵循"一冬一酿"原则，酿出来的黄酒不仅酒体饱满、口感醇厚，还非常耐储藏。传统工艺的不断改造创新，使中国黄酒的酿造工艺得到了更好的传承，如今采用现代化流水线技术设备的机制黄酒，发酵周期短、出酒快、效率高。

如何将淋饭酒母应用于机械化黄酒生产中，使两者的优点完美融合，提高机械化黄酒品质，

图 18　淋饭工艺的淋饭过程：清水淋冷米饭

满足酒类市场需求？笔者率先开展了淋饭酒母应用于机械化黄酒生产中的试验研究。

二、创新步骤

第一步，设计新方案，使用淋饭酒母进行机械化黄酒酿造，初步确定淋饭酒母在机械化黄酒酿造过程中的添加量（见图 19）。

第二步，通过人为调控发酵过程中内外因素，优化机械化黄酒的酿造方案，确定一种能够酿造出风味口感优于普通机械化黄酒的酿造方案。

第三步，对淋饭酒母酿制机械化黄酒的发酵过程进行详细分析，检测发酵过程中总糖、总酸和酒精度等指标，推测其发酵状态，为后续研发改进提供有力证据及方向。

第四步，对最终机械化黄酒产品进行相关理化检测及感官品评，分析其总糖、总酸、氨基酸

图 19　挑选优质淋饭酒母用于机械化黄酒酿造

态氮和酒精度等参数的差异。使用气相色谱 – 质谱（GC-MS）联用，对上述成品酒进行挥发性风味物质测定，并进行数据显著性差异分析和挥发性风味物质的主成分分析。

三、创新效果

一是明确了淋饭酒母应用于机械化黄酒生产的工艺；

二是提出了一种淋饭酒母应用于机械化黄酒生产中的制备方案，得到最优配比，并成功开发出可工业化生产的生产方式；

三是淋饭酒母应用于机械化黄酒生产中，为行业内首次，是传统与现代酿酒技法的完美融合，也是黄酒酿造史上在传承中的又一次创新，使机制黄酒的口感、品质得到了提升，为行业新品研发开辟了一条途径。

第九讲

首创黄酒糟二次固态发酵工艺技术

一、创新概述

黄酒糟是黄酒酿造过程成熟发酵醪经压榨后的副产物，一般出糟率在30%左右。加饭酒生产量大，酒糟中残余淀粉含量高，经过头吊发酵蒸馏后，尚有大量未分解的淀粉、糊精、蛋白质等物质，干糟中的粗淀粉含量仍高达15%~20%。另外，糟烧白酒中存在的较浓糟香，虽是糟烧白酒的代表性香味，但也是绍兴糟烧白酒全面推向全国市场的难题。

一般情况下，头吊后的酒糟出售给养殖场作饲料，价格低廉，这存在一定的资源浪费。如果对酒糟进行二次利用，对于节约成本、改进白酒风味、提高经济效益是一项非常有效的举措。

二、创新步骤

为充分利用酒糟资源，笔者首次提出并开展

了一种黄酒糟二次固态发酵工艺的应用研究。

借鉴酱酒生产工艺技术，黄酒糟在头吊发酵蒸馏后，经过冷却添加酒曲，并按照一定比例在酒糟中加入高粱粉和谷壳，进行酒糟二次固态发酵，实现酒糟的二次利用。基本步骤如下：

（1）酒曲活化。添加一定比例酒曲，活化备用。

（2）酒糟处理。首次吊烧后酒糟，于室温下进行摊晾。添加适量谷壳以提升酒糟的蓬松度（见图 20、图 21）。

（3）混合堆积。将活化的酒曲液与摊晾的酒糟混合均匀，投入发酵槽或分批堆积，封口发酵（见图 22~ 图 24）。

（4）发酵。酒糟堆积密封后自然发酵。

（5）蒸馏。蒸馏前拌入谷壳，进行蒸馏。

图 20 头吊糟烧蒸馏后

图 21　头吊糟烧蒸馏后，进行散热、降温

图 22　将活化的酒曲液与摊晾的酒糟混合均匀

图 23　酒糟密封后，自然发酵（1）

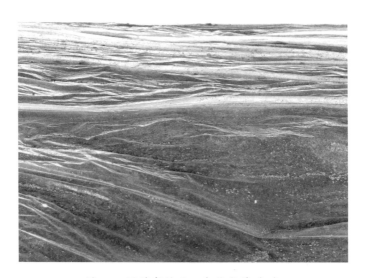

图 24　酒糟密封后，自然发酵（2）

　　黄酒配槽二次固态发酵辅以先进的砻糠设备除杂味工艺，借鉴白酒企业的酒体设计技术，显著改进了糟烧白酒的风味，进一步提高了产品品质。

三、创新效果

　　黄酒糟作为黄酒产业的副产品，有较高的蛋白含量，价格低廉。但新鲜黄酒糟含水量高，难以保存，且有酒精残留，不能直接饲喂动物，因而通过二次固态发酵，可以提高黄酒糟的饲用价值。

　　实施二次固态发酵工艺后，糟烧白酒可实现年增产 60%~70%，产生极大的经济效益。同时，糟烧白酒的糟味明显减少，品质得到了提升。

第十讲

首创堆幢封泥头自动化

一、创新概述

陶坛既是黄酒的主要酿造容器之一，又是主要的贮酒容器。我们常说的黄酒越陈越好，其实只有在陶坛里才能实现。酒液虽然在坛内储存，但与空气并非完全隔绝，坛内会渗入微量空气，与酒液中的多种化学物质发生缓慢的氧化还原反应。正是陶坛独特的"微氧环境"和坛内酒液的"呼吸作用"，促使酒在储存过程中不断陈化老熟，越来越香。

传统黄酒生产是劳动密集型的方式，从浸米到坛酒成品，各个工序都离不开肩挑手扛，工作强度大，任务繁重。堆幢封泥头是黄酒酿造最后一个步骤，其传统做法是：首先，立即用特制材料荷叶箬壳扎带等扎实扎紧，密封坛口，防止坛内酒液受到微生物污染；其次，由专用运输车搬运到泥头堆放场地，码放整齐；再次，泥头操作工将泥料手工封口，再刮平、压实、涂光；最后，待自然风干后，在仓库中码放储存。封泥头和坛酒堆幢是技术活，要求操作工经验丰富，技术熟练。堆幢平整、直立、不歪斜，是保障黄酒质量的关键要素之一。

二、创新步骤

如何在传承中创新发展，实现堆幢封泥头自动化？针对这个问题，笔者一直在生产中摸索，通过多方的走访、交流、参观和考察，与设备制造商沟通交流，探究黄酒生产与设备制造的契合点，明确设备要达到的技术要求和生产中的注意事项。经过反复沟通、模拟、验证和生产现场的试验，合作开展了封泥头机和堆幢机的研发，在行业内首创堆幢封泥头自动化，在突破"繁、重、难"的传统生产上迈进了一大步。

全自动酒坛封泥头机是根据黄酒企业普遍采用的储酒容器——酒坛，结合实际生产特点研发的新设备，是清洗、煎酒、灌坛自动化的衍生产品。它由泥料搅拌舱、泥头定量装置、清洗装置、泥料回收装置、酒坛定位装置、封泥装置、泥头外部定型装置等组成，并配有观察平台、泥头送料机，集泥料搅拌、定量落泥、封泥、定型于一体，可对灌装后酒坛快速封泥定型（见图 25 ）。

堆幢机是借助设备的机械臂，模拟人工智能，在坛酒库房中将酒坛一坛一坛整齐叠放，一次叠放 4 坛，可连续操作（见图 26 ）。

三、创新效果

通过实施堆幢封泥头自动化，可以实现酒坛的准确堆幢和快速封泥，不仅提高了生产效率，也减少了人工操作可能带来的误差和不稳定性。这对于黄酒企业来说，不仅能降低人力成本，还能提升产品的质量和市场竞争力。

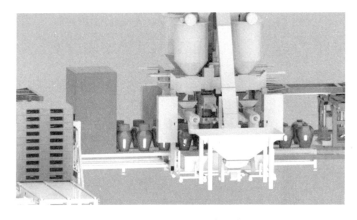

图 25   封泥头机工作示意图

图 26　堆幢机操作现场，机械臂抓取、码放中

概括起来，主要有以下几大优点：

（1）改善作业环境；

（2）降低劳动力成本；

（3）减少物料损耗；

（4）提高产品质量；

（5）提高生产效率；

（6）促进行业发展。

综上所述，堆幢封泥头自动化是黄酒生产自动化的重要环节，其通过引入机器人技术和自动化设备，实现了黄酒在生产过程中的部分或全部人工操作的自动化。这一创新应用，对于促进黄酒企业的现代化生产并提高其产品市场竞争力具有重要意义。

后 记

黄酒，作为中国独特的传统酿造饮品，拥有悠久的历史和丰富的文化内涵。从古至今，它以独特的酿造工艺、醇厚的口感和丰富的营养价值赢得人们的喜爱。黄酒的酿造工艺是一种融合了微生物学、化学、工程学等多学科知识的智慧，其起源于偶然，传承属自然，创新是必然。在黄酒这块神秘的沃土中，蕴含着无限的精彩，等待着我们去发掘、去开发、去收获……

从业 40 余年，我只做一件事：酿酒。作为一名老黄酒人，我一直深爱着这项事业，也付出了不少心血。但是，目前黄酒的发展状况并不理想，中国黄酒的几大优势还远远没有挖掘出来，几千年的黄酒文化还没被讲深、讲透，黄酒的良好品质与适宜饮用的健康基因还没宣传到位，黄酒整体蛋糕没有做大……上述这些，需要我们去思考、去探索、去践行。

时代在发展，科技在进步，我们必须在传承中不断创新，与时俱进，打破传统思想的束缚，在实践中不断探索新工艺、新技法，持续推动黄酒生产的现代化进程。这是时代赋予我们的使命，也是作为黄酒人必须肩负的责任。"功成不必在我，功成必定有我"，我将一如既往，初心不改，为振兴黄酒事业作出自己的贡献。

2024 年 6 月

图书在版编目（CIP）数据

胡志明工作法：绍兴黄酒酿制 / 胡志明著.

北京：中国工人出版社，2024.9. -- ISBN 978-7-5008-8513-9

Ⅰ.TS262.4

中国国家版本馆CIP数据核字第2024UP3760号

胡志明工作法：绍兴黄酒酿制

出 版 人	董　宽	
责 任 编 辑	陈培城	
责 任 校 对	张　彦	
责 任 印 制	栾征宇	
出 版 发 行	中国工人出版社	
地　　　址	北京市东城区鼓楼外大街45号　邮编：100120	
网　　　址	http://www.wp-china.com	
电　　　话	（010）62005043（总编室）	
	（010）62005039（印制管理中心）	
	（010）62379038（职工教育编辑室）	
发 行 热 线	（010）82029051　62383056	
经　　　销	各地书店	
印　　　刷	北京市密东印刷有限公司	
开　　　本	787毫米×1092毫米　1/32	
印　　　张	3.75	
字　　　数	45千字	
版　　　次	2024年12月第1版　2024年12月第1次印刷	
定　　　价	28.00元	

优秀技术工人百工百法丛书

第一辑 机械冶金建材卷

郭玉明工作法
复吹转炉底吹的精准维护

金国平工作法
炼钢连铸设备智能化的运维与改善

李兵工作法
汽车发动机故障诊断与维修

李凯军工作法
压铸模具制造

林学斌工作法
连铸电气设备的点检

刘伯鸣工作法
带直段锥体的锻造与成形

刘更生工作法
京作硬木家具制作水磨、烫蜡技艺

潘从明工作法
萃取设备的设计与制造

裴永斌工作法
弹性油箱全自动数控加工技术

邵志村工作法
铜精矿火法的双闪冶炼

王树军工作法
设备的养护与修理

王万松工作法
热轧带钢板形的控制

温广勇工作法
玻璃纤维拉丝设备的维修与优化

文寨军工作法
低热硅酸盐水泥的制备及应用

徐成东工作法
肉眼秒判奥斯麦特炉渣含铅品位

郑久强工作法
转炉炼钢炉型的控制与操作

优秀技术工人百工百法丛书

第二辑 海员建设卷

优秀技术工人百工百法丛书

第三辑 能源化学地质卷

陈可营工作法
海洋油气生产绿色数智化设计与应用

程平工作法
钻基60硬质合金真空水冷堆焊

丁正江工作法
焦家式金矿预测勘查

华伶利工作法
松散地层钻进取心

黄兆亮工作法
航改型燃气轮机蜂窝封严钎焊修复

琚永安工作法
架空地线复合光缆的电动旋切

李辉工作法
用试验电压检测变电站一、二次设备交流回路整体组合工况

李祖锋工作法
抽水蓄能电站控制测量方案优化

刘清工作法
煤矿无人化智能开采控制系统

毛玉泉工作法
贵细中药材鉴别应用

齐名工作法
应用STC单片机

秦钦工作法
矿井安全监控设备辅助安装及故障分析处理

100 ARTISANS AND 100
TECHNIQUES SERIES

孙同根
工作法
S Zorb 装置
优化

100 ARTISANS AND 100
TECHNIQUES SERIES

王月鹏
工作法
基于绝缘平台的
绝缘杆作业法

100 ARTISANS AND 100
TECHNIQUES SERIES

王跃
工作法
滴定分析的
判断与控制

100 ARTISANS AND 100
TECHNIQUES SERIES

杨新海
工作法
车载移动测量技术
在实景三维成果
质量检验中的应用

100 ARTISANS AND 100
TECHNIQUES SERIES

杨义兴
工作法
油田修井现场
清洁生产
技术应用

100 ARTISANS AND 100
TECHNIQUES SERIES

游弋
工作法
煤矿供电系统
防晃电
设计与应用

100 ARTISANS AND 100
TECHNIQUES SERIES

余姝
工作法
高陡峡谷区
地质灾害调勘查